Sovers Singh Bisht

O marketing de afiliação na era da inteligência artificial

Sovers Singh Bisht

O marketing de afiliação na era da inteligência artificial

ScienciaScripts

Imprint

Any brand names and product names mentioned in this book are subject to trademark, brand or patent protection and are trademarks or registered trademarks of their respective holders. The use of brand names, product names, common names, trade names, product descriptions etc. even without a particular marking in this work is in no way to be construed to mean that such names may be regarded as unrestricted in respect of trademark and brand protection legislation and could thus be used by anyone.

Cover image: www.ingimage.com

This book is a translation from the original published under ISBN 978-620-7-64820-7.

Publisher:
Sciencia Scripts
is a trademark of
Dodo Books Indian Ocean Ltd. and OmniScriptum S.R.L publishing group

120 High Road, East Finchley, London, N2 9ED, United Kingdom
Str. Armeneasca 28/1, office 1, Chisinau MD-2012, Republic of Moldova, Europe
Printed at: see last page
ISBN: 978-620-7-66974-5

PREFÁCIO

Affiliate Marketing in the Age of Artificial Intelligence embarca numa viagem através da intersecção dinâmica de duas forças transformadoras: o marketing de afiliação e a inteligência artificial. À medida que o panorama digital continua a evoluir a um ritmo acelerado, a convergência destes dois domínios apresenta oportunidades sem paralelo para as empresas e os profissionais de marketing. A proliferação do marketing de afiliados revolucionou a forma como as empresas promovem os seus produtos e serviços, permitindo estratégias de publicidade rentáveis e baseadas no desempenho. Entretanto, a ascensão das tecnologias de IA deu início a uma nova era de automatização, otimização e personalização no marketing. O livro Affiliate Marketing in the Age of Artificial Intelligence (Marketing de Afiliados na Era da Inteligência Artificial) tem como objetivo fornecer uma visão abrangente do marketing de afiliados e da IA. O livro explora os princípios fundamentais do marketing de afiliação, traçando a sua evolução histórica e examinando o seu papel no panorama do marketing moderno. Desde a compreensão dos princípios básicos dos programas de afiliados até à compreensão das complexidades das redes e parcerias de afiliados, os leitores irão apreciar profundamente o poder e o potencial do marketing de afiliados. Da análise preditiva às recomendações personalizadas, dos chatbots aos assistentes de voz, a IA está a remodelar a forma como os profissionais de marketing se relacionam com os seus públicos e impulsionam os resultados comerciais.

Sr. Sovers Singh Bisht

CONTEÚDO

CAPÍTULO 1
Introdução ao marketing de afiliados

Ashwani Kumar

Escola de Engenharia e Tecnologia

K. R. Mangalam University, Gurugram, Haryana, Índia

Gaurav Kansal

Escola de Engenharia

ABES(IT), Ghaziabad, Uttar Pradesh, Índia

Introdução

O marketing de afiliados é uma pedra angular no domínio digital, promovendo relações simbióticas entre empresas e indivíduos que procuram rentabilizar a sua presença online. Na sua essência, o marketing de afiliação é uma estratégia baseada no desempenho, em que as empresas recompensam os afiliados por gerarem tráfego ou vendas para os seus produtos ou serviços através dos esforços de marketing do afiliado. Neste intrincado ecossistema, os afiliados actuam como intermediários, tirando partido das suas plataformas, audiências e capacidades de marketing para promover produtos ou serviços em troca de uma comissão ou de uma recompensa predefinida.

Para aprofundar o tecido do marketing de afiliação, é essencial compreender os seus componentes e mecanismos fundamentais. No centro do marketing de afiliação está a relação tripartida entre o comerciante (também conhecido como anunciante ou retalhista), o afiliado (o promotor ou editor) e o consumidor. O comerciante, normalmente a entidade que vende o produto ou serviço, procura expandir o seu alcance e a sua base de clientes através de parcerias com afiliados. Por outro lado, o afiliado, frequentemente um criador de conteúdos, bloguista, influenciador de redes sociais ou proprietário de um sítio Web, actua como promotor que apresenta as ofertas do comerciante ao seu público. Por último, o consumidor, atraído pelos esforços de marketing do afiliado, envolve-se com os produtos ou serviços do comerciante, gerando receitas e crescimento.

O processo de marketing de afiliação desenrola-se em várias fases, cada uma delas contribuindo para o seu carácter dinâmico. Inicialmente, o comerciante estabelece um programa de afiliados, definindo os termos e condições para os potenciais afiliados. Estes podem incluir estruturas de comissões, métodos de pagamento e orientações para actividades promocionais. Quando o programa de afiliados estiver em vigor, os afiliados podem aderir ao programa e obter acesso a links de rastreio únicos ou códigos promocionais fornecidos pelo comerciante. Estes mecanismos de rastreio permitem que os comerciantes atribuam com exatidão as vendas ou os contactos gerados por afiliados específicos.

Munidos dos seus links de afiliado ou códigos promocionais, os afiliados embarcam na sua viagem de marketing, empregando várias estratégias para promover as ofertas do comerciante. Estas estratégias abrangem uma vasta gama de canais digitais, incluindo sítios Web, blogues, plataformas de redes sociais, boletins informativos por correio eletrónico e muito mais. A diversidade dos canais de marketing dos afiliados sublinha a sua adaptabilidade a diferentes nichos e audiências, permitindo que os afiliados adaptem a sua abordagem de forma a ter um impacto efetivo nos seus seguidores.

Uma das características que definem o marketing de afiliação é a sua natureza baseada no desempenho, em que os afiliados são compensados com base na sua contribuição para os objectivos do comerciante. Este modelo de remuneração pode assumir várias formas, incluindo:

Pagamento por venda (PPS): Os afiliados recebem uma comissão por cada venda que geram para o comerciante. Este modelo incentiva os afiliados a concentrarem-se na condução de tráfego de alta qualidade que tem mais probabilidades de se converter em clientes pagantes.

Pagamento por lead (PPL): Os afiliados recebem uma compensação por cada lead que entregam ao comerciante, como inscrições, submissões de formulários ou activações de testes. Os acordos PPL são comuns em sectores em que as vendas directas podem não ser o objetivo principal.

Pagamento por clique (PPC): Os afiliados ganham uma comissão com base no número de cliques que as suas hiperligações de afiliado recebem, independentemente de esses cliques resultarem numa venda ou num lead. Os acordos PPC proporcionam aos afiliados um fluxo constante de rendimentos por conduzirem o tráfego para o sítio Web do comerciante.

A flexibilidade destes modelos de compensação permite que os comerciantes alinhem os seus programas de afiliados com os seus objectivos comerciais e metas de marketing específicos. Além disso, permite que os afiliados escolham os programas que melhor correspondem aos interesses e preferências do seu público, promovendo um envolvimento genuíno e confiança.

Para além da sua natureza transacional, o marketing de afiliados prospera com base nos princípios da construção de relações e da colaboração. As parcerias de afiliados bem sucedidas assentam no respeito mútuo, na transparência e na comunicação efectiva entre comerciantes e afiliados. Ao cultivar estas relações, ambas as partes podem maximizar o seu potencial de crescimento e sucesso no competitivo panorama digital.

Nos últimos anos, o panorama do marketing de afiliação tem sido significativamente influenciado pelos avanços tecnológicos, nomeadamente a ascensão da Inteligência Artificial (IA). As ferramentas e os algoritmos alimentados por IA revolucionaram vários aspectos do marketing de afiliados, desde a segmentação e personalização do público até ao acompanhamento e otimização do desempenho. Ao aproveitar o poder da IA, os comerciantes e os afiliados podem obter informações mais profundas sobre o comportamento do consumidor, identificar tendências emergentes e aperfeiçoar as suas estratégias de marketing para obter o máximo impacto.

Evolução histórica do marketing de afiliação

A evolução histórica do marketing de afiliação remonta aos primórdios da Internet, quando o comércio eletrónico estava na sua infância e as empresas procuravam formas inovadoras de expandir o seu alcance e aumentar as vendas. Embora o conceito de marketing de afiliação, tal como o conhecemos atualmente, só tenha surgido no final dos anos 90, as suas raízes podem ser encontradas em formas anteriores de vendas e publicidade baseadas em comissões.

Um dos primeiros exemplos de marketing de afiliados pode ser visto sob a forma de programas de referência, em que as empresas incentivavam os indivíduos a indicar clientes em troca de uma comissão ou recompensa. Este modelo era predominante em vários sectores, incluindo o das telecomunicações e dos serviços financeiros, muito antes de a Internet se ter tornado um fenómeno comum.

No entanto, a verdadeira génese do marketing de afiliação moderno pode ser atribuída ao lançamento da World Wide Web e ao subsequente aumento das plataformas de comércio eletrónico. Em meados da década de 1990, à medida que mais consumidores começaram a fazer compras online, as empresas reconheceram o potencial das parcerias de afiliação para gerar tráfego e vendas nos seus sítios Web.

A Amazon é frequentemente considerada pioneira no marketing de afiliados através do seu Programa de Associados, que foi lançado em 1996. O programa permitia que os proprietários de sítios Web e os bloguistas promovessem produtos da Amazon nas suas plataformas e ganhassem uma comissão por cada venda gerada através das suas ligações de afiliados. Esta abordagem inovadora não só ajudou a Amazon a aumentar a sua base de clientes, como também permitiu que editores independentes rentabilizassem o seu conteúdo online.

Após o sucesso do programa de afiliados da Amazon, muitas outras empresas adoptaram rapidamente modelos semelhantes, o que levou à proliferação de redes de afiliados e plataformas de marketing. Estas redes serviram de intermediárias entre os comerciantes e os afiliados, facilitando o controlo das referências e o pagamento de comissões.

No final da década de 1990 e no início da década de 2000, o marketing de afiliação registou um rápido crescimento e evolução, impulsionado pelos avanços na tecnologia da Internet e pela crescente popularidade das compras em linha. À medida que mais empresas aderiram ao comércio eletrónico e à publicidade digital, o marketing de afiliação surgiu como um canal de marketing rentável e orientado para o desempenho.

Durante este período, o marketing de afiliados sofreu vários desenvolvimentos significativos, incluindo a introdução de mecanismos de rastreio baseados em cookies, que permitiram aos comerciantes atribuir com exatidão as vendas a afiliados específicos. Além disso, as redes de afiliados começaram a oferecer uma gama mais vasta de ferramentas de rastreio e de relatórios, permitindo aos afiliados otimizar os seus esforços de marketing e maximizar os seus ganhos.

O início da década de 2000 assistiu também ao aparecimento de novos modelos de afiliados, como o pay-per-click (PPC) e o pay-per-lead (PPL), que alargaram o âmbito do marketing de afiliados para além das tradicionais comissões baseadas nas vendas. Estes modelos permitiram que os afiliados obtivessem receitas por impulsionarem o tráfego, gerarem leads ou outras acções pré-determinadas, dependendo dos objectivos do anunciante.

No entanto, o rápido crescimento do marketing de afiliação também trouxe desafios, incluindo preocupações sobre fraudes, práticas pouco éticas e a falta de transparência em alguns programas de afiliação. Em resposta, as partes interessadas do sector, incluindo redes de afiliados, comerciantes e organismos reguladores, trabalharam para estabelecer as melhores práticas e normas para garantir a integridade e a sustentabilidade do ecossistema de marketing de afiliados.

Ao longo da década de 2010, o marketing de afiliação continuou a evoluir em resposta às mudanças no comportamento do consumidor, na tecnologia e no ambiente regulamentar. A ascensão das redes sociais e do marketing de influência proporcionou novas oportunidades para os afiliados promoverem produtos e interagirem com o público em plataformas como o Instagram, o YouTube e o TikTok.

Além disso, a crescente sofisticação das ferramentas e análises de marketing digital permitiu aos afiliados implementar estratégias mais direccionadas e personalizadas, resultando em taxas de conversão e ROI mais elevados para os comerciantes. A inteligência artificial (IA) e os algoritmos de aprendizagem automática desempenharam um papel significativo nesta evolução, permitindo aos afiliados analisar dados, otimizar campanhas e proporcionar experiências personalizadas em escala.

Olhando para o futuro, o futuro do marketing de afiliação parece promissor, com avanços contínuos na tecnologia, na análise de dados e na automação que deverão impulsionar mais inovação e crescimento. À medida que a IA continua a remodelar o panorama do marketing digital, os afiliados terão acesso a ferramentas e conhecimentos ainda mais poderosos para impulsionar o desempenho e proporcionar valor tanto para os comerciantes como para os consumidores.

Os intervenientes no marketing de afiliação

No ecossistema dinâmico do marketing de afiliação, vários intervenientes e partes interessadas contribuem para a sua vitalidade e evolução. Desde os anunciantes que procuram expandir o seu alcance até aos editores que pretendem rentabilizar o seu conteúdo, cada participante desempenha um papel distinto na condução do sucesso dos programas de marketing de afiliação. Compreender estes intervenientes e partes interessadas é essencial para compreender a intrincada dinâmica deste sector.

Na vanguarda do marketing de afiliação estão os anunciantes, também conhecidos como comerciantes ou marcas. Estas entidades oferecem produtos ou serviços e procuram aumentar as suas vendas e a visibilidade da marca através de parcerias de afiliação. Os anunciantes utilizam o marketing de afiliação como uma estratégia rentável para chegar a novos públicos e gerar conversões. Concebem estruturas de comissões e fornecem materiais de marketing aos afiliados, alinhando os seus objectivos com os dos seus parceiros para alcançar o sucesso mútuo.

Do outro lado da equação estão os afiliados, frequentemente designados por editores ou parceiros. Os afiliados são indivíduos ou empresas que promovem os produtos ou serviços dos anunciantes através de vários canais de marketing, como sítios Web, redes sociais, boletins informativos por correio eletrónico ou blogues. Recebem comissões ou outros incentivos por gerarem vendas, contactos ou tráfego para o anunciante. Os afiliados assumem diversas formas, desde criadores de conteúdos e bloguistas a influenciadores e sítios de cupões. A sua capacidade de criar conteúdos apelativos, envolver audiências e gerar conversões é fundamental para a eficácia das campanhas de marketing de afiliados.

As redes de afiliados facilitam a colaboração entre anunciantes e afiliados. Estas plataformas intermediárias actuam como casamenteiros, ligando anunciantes a afiliados relevantes e fornecendo a infraestrutura para acompanhar, comunicar e gerir programas de afiliados. As redes de afiliados oferecem um mercado centralizado onde os anunciantes podem encontrar parceiros adequados e os afiliados podem aceder a uma vasta gama de ofertas de afiliados em diferentes nichos. Além disso, as redes de afiliados tratam dos aspectos técnicos do controlo de afiliados e dos pagamentos de comissões, simplificando o processo para ambas as partes envolvidas.

Outro interveniente essencial no marketing de afiliação é o consumidor, cujas acções determinam, em última análise, o sucesso das campanhas de afiliação. Os consumidores são o público-alvo dos produtos ou serviços dos anunciantes, e as suas decisões de compra geram receitas tanto para os anunciantes como para os afiliados. Compreender o comportamento, as preferências e os padrões de compra do consumidor é crucial para otimizar as estratégias de marketing de afiliação e proporcionar experiências personalizadas que se repercutam no público-alvo.

Para além dos anunciantes, afiliados, redes de afiliados e consumidores, vários outros intervenientes contribuem para o ecossistema do marketing de afiliados. Estes incluem os gestores de programas de afiliados, que supervisionam as operações diárias dos programas de afiliados, recrutam novos afiliados e optimizam o desempenho através de iniciativas estratégicas. Os gestores de programas de afiliados actuam como elos de ligação entre anunciantes e afiliados, assegurando uma comunicação e colaboração harmoniosas entre as duas partes.

Além disso, as agências e consultores de marketing de afiliados fornecem serviços especializados a anunciantes e afiliados, desde a configuração e otimização de programas até ao recrutamento de afiliados e à gestão da conformidade. Estas entidades oferecem conhecimentos especializados, perspectivas do sector e soluções personalizadas para ajudar os clientes a maximizar o ROI do marketing de afiliação e a atingir os seus objectivos comerciais.

Os organismos legais e regulamentares também desempenham um papel crucial na definição do panorama do marketing de afiliação. A adesão às leis relevantes, como as directrizes da Federal Trade Commission (FTC) sobre divulgação e transparência, é essencial para manter a confiança e a integridade no sector. A conformidade com os regulamentos de proteção de dados, como o Regulamento Geral de Proteção de Dados (RGPD) na União Europeia, é igualmente importante para salvaguardar a privacidade do consumidor e garantir práticas éticas no marketing de afiliados.

Além disso, os fornecedores de tecnologia e os prestadores de serviços oferecem uma vasta gama de ferramentas e soluções para apoiar vários aspectos do marketing de afiliados, incluindo o acompanhamento e a atribuição, a monitorização do desempenho, o recrutamento de afiliados e a deteção de fraudes. Estas inovações tecnológicas permitem que os anunciantes e os afiliados optimizem as suas campanhas, simplifiquem as operações e obtenham melhores resultados no competitivo panorama do marketing de afiliação.

Vantagens do marketing de afiliação

O marketing de afiliados surgiu como um componente essencial das estratégias modernas de marketing digital, oferecendo uma relação mutuamente benéfica entre as empresas e os afiliados. A sua importância e benefícios são múltiplos, desde a relação custo-eficácia até à expansão do alcance e ao aumento das receitas. Este artigo explora o significado do marketing de afiliação e as suas inúmeras vantagens no atual panorama competitivo.

Antes de mais, o marketing de afiliação é um método económico para as empresas promoverem os seus produtos ou serviços. Ao contrário dos modelos de publicidade tradicionais que exigem um investimento inicial sem garantia de retorno, o marketing de afiliação funciona numa estrutura baseada no desempenho. Os anunciantes só pagam comissões quando uma ação desejada, como uma venda ou a criação de um lead, é alcançada através dos esforços do afiliado. Este modelo de pagamento por desempenho minimiza o risco para as empresas e garante que os fundos de marketing são afectados de forma eficiente.

Além disso, o marketing de afiliados permite às empresas aceder a uma vasta rede de afiliados que actuam como embaixadores e defensores da marca. Estes afiliados, muitas vezes bloggers, influenciadores ou proprietários de sítios Web, utilizam as suas plataformas online para promover produtos ou serviços junto do seu público. Ao estabelecerem parcerias com afiliados que tenham estabelecido confiança e credibilidade no seu nicho, as empresas podem efetivamente alcançar novos públicos e conduzir tráfego direcionado para os seus sítios Web.

Uma das principais vantagens do marketing de afiliação é a sua capacidade de aumentar a visibilidade e o conhecimento da marca. Os afiliados promovem produtos ou serviços através de vários canais, incluindo sítios Web, redes sociais, boletins informativos por correio eletrónico e muito mais. Esta abordagem multicanal expõe as marcas a diversos públicos em diferentes plataformas, resultando num maior reconhecimento e recordação da marca. À medida que os afiliados geram conteúdo e se envolvem com os seus seguidores, ajudam a criar um burburinho em torno da marca, ampliando ainda mais a sua visibilidade no espaço digital.

Além disso, o marketing de afiliação facilita a aquisição de clientes e a criação de oportunidades para as empresas. Os afiliados actuam como intermediários entre as marcas e os consumidores, conduzindo tráfego qualificado para o sítio Web ou para as páginas de destino da empresa. Através de conteúdos atraentes, recomendações persuasivas e ofertas promocionais, os afiliados incentivam o seu público a tomar medidas, como fazer uma compra ou inscrever-se numa newsletter. Isto leva a um afluxo constante de novos clientes e potenciais clientes, contribuindo, em última análise, para o crescimento e a expansão da empresa.

Além disso, o marketing de afiliação oferece uma escalabilidade e flexibilidade sem paralelo para empresas de todas as dimensões. Quer se trate de uma pequena empresa em fase de arranque ou de uma multinacional, os programas de afiliados podem ser adaptados às necessidades e objectivos específicos. As empresas têm a flexibilidade de escolher os seus parceiros afiliados, estabelecer taxas de comissão, definir métricas de desempenho e acompanhar os resultados em tempo real. Este nível de personalização permite que as empresas optimizem os seus esforços de marketing de afiliados para obterem o máximo ROI e se adaptem facilmente à dinâmica do mercado em constante mudança.

Para além de impulsionar as vendas e as receitas, o marketing de afiliados desempenha um papel crucial na melhoria da visibilidade dos motores de busca e do tráfego orgânico. Os afiliados incorporam frequentemente ligações e palavras-chave relacionadas com os produtos ou serviços que estão a promover no seu conteúdo. Estes backlinks e o texto âncora optimizado não só geram tráfego de referência, como também contribuem para o desempenho global de SEO do sítio Web da empresa. Como resultado, as empresas beneficiam de melhores classificações nos motores de busca, maior visibilidade orgânica e maior autoridade do Web site ao longo do tempo.

Outra vantagem significativa do marketing de afiliação é a sua capacidade de promover parcerias e colaborações a longo prazo. Os programas de afiliados bem sucedidos assentam na confiança, transparência e respeito mútuo entre anunciantes e afiliados. Ao fornecer aos afiliados recursos, apoio e incentivos valiosos, as empresas podem cultivar relações fortes que perduram para além das campanhas individuais. Estas parcerias duradouras conduzem frequentemente a uma colaboração contínua, a fluxos de receitas contínuos e a um sucesso partilhado por ambas as partes envolvidas.

Além disso, o marketing de afiliação oferece informações valiosas e análises de dados que permitem às empresas tomar decisões de marketing informadas. Através de ferramentas de rastreio, pixéis de conversão e relatórios de desempenho, as empresas obtêm informações valiosas sobre a eficácia das suas campanhas de afiliação. Podem analisar as principais métricas, como as taxas de cliques, as taxas de conversão, o valor médio das encomendas e o valor do tempo de vida do cliente para otimizar as suas estratégias de marketing e maximizar o ROI. Esta abordagem baseada em dados permite que as empresas identifiquem os afiliados com melhor desempenho, optimizem as tácticas promocionais e atribuam recursos de forma mais eficiente.

Em conclusão, o marketing de afiliação tem uma enorme importância no domínio do marketing digital, oferecendo uma vasta gama de benefícios para as empresas que procuram expandir a sua presença online, impulsionar as vendas e aumentar as receitas. Desde a sua relação custo-eficácia e escalabilidade até à sua capacidade de aumentar a visibilidade da marca e promover parcerias, o marketing de afiliação continua a ser um canal de marketing valioso no atual panorama competitivo. Ao tirar partido do poder das parcerias de afiliação e ao adotar estratégias inovadoras, as empresas podem desbloquear novas oportunidades de crescimento e sucesso na era digital.

CAPÍTULO 2
Introdução à Inteligência Artificial

Ashwani Kumar

Escola de Engenharia e Tecnologia

K. R. Mangalam University, Gurugram, Haryana, Índia

Deepak Singh

Departamento de Engenharia e Tecnologia

ABES(IT), Ghaziabad, Uttar Pradesh, Índia

Introdução

A Inteligência Artificial (IA) é uma das tecnologias mais transformadoras e revolucionárias do século XXI, remodelando indústrias, economias e sociedades em todo o mundo. Na sua essência, a IA refere-se ao desenvolvimento de sistemas informáticos capazes de realizar tarefas que normalmente requerem a inteligência humana, como a aprendizagem, o raciocínio, a resolução de problemas, a perceção e a compreensão da linguagem. Ao longo dos anos, a IA evoluiu de um conceito explorado na ficção científica para uma realidade tangível que alimenta uma vasta gama de aplicações em vários domínios.

A base da IA reside na emulação das funções cognitivas humanas através da utilização de algoritmos e do poder computacional. A aprendizagem automática, um subconjunto da IA, surgiu como um paradigma dominante que impulsiona os avanços neste domínio. Os algoritmos de aprendizagem automática permitem aos computadores aprender com vastos conjuntos de dados, reconhecer padrões e fazer previsões ou tomar decisões sem programação explícita. A aprendizagem profunda, uma forma sofisticada de aprendizagem automática inspirada na estrutura e no funcionamento das redes neuronais do cérebro humano, impulsionou as capacidades de IA para níveis sem precedentes, em especial em tarefas como o reconhecimento de imagens e de voz, o processamento de linguagem natural e a condução autónoma.

A evolução da IA tem sido impulsionada por avanços tecnológicos significativos em termos de hardware, software e disponibilidade de dados. O crescimento exponencial do poder de computação, facilitado por inovações como as unidades de processamento gráfico (GPU) e os chips especializados em IA, permitiu o treino de modelos de IA cada vez mais complexos em conjuntos de dados maciços. Além disso, a proliferação de dados gerados por dispositivos digitais, sensores e plataformas em linha forneceu o combustível necessário para os sistemas de IA aprenderem e melhorarem o seu desempenho ao longo do tempo.

As aplicações da IA abrangem uma gama diversificada de indústrias e domínios, revolucionando processos, melhorando a eficiência e abrindo novas possibilidades. Nos cuidados de saúde, os sistemas orientados para a IA estão a ser implementados para análise de imagens médicas, diagnóstico de doenças, descoberta de medicamentos e recomendações de tratamento personalizadas, conduzindo a melhores resultados para os pacientes e à redução de custos. Nas finanças, os algoritmos de IA potenciam o comércio algorítmico, a deteção de fraudes, a pontuação de crédito e a gestão de riscos, impulsionando a inovação e moldando a dinâmica do mercado. Além disso, a IA está a revolucionar os transportes com o desenvolvimento de veículos autónomos, optimizando as cadeias de abastecimento através de análises preditivas e transformando as experiências dos clientes com recomendações personalizadas e chatbots no retalho e no comércio eletrónico.

Um dos impactos mais significativos da IA reside no seu potencial transformador para o marketing e a publicidade digitais. As ferramentas e técnicas baseadas em IA estão a revolucionar a forma como as empresas se relacionam com os consumidores, optimizam as campanhas e impulsionam as conversões. Através da análise de grandes quantidades de dados, os algoritmos de IA podem identificar padrões e tendências no comportamento dos consumidores, permitindo que os profissionais de marketing se dirijam ao público certo com mensagens personalizadas no momento certo e através dos canais certos. Além disso, a IA facilita a definição dinâmica de preços, a otimização de conteúdos e as estratégias de colocação de anúncios, maximizando a eficácia das campanhas de marketing e melhorando o retorno do investimento.

O processamento da linguagem natural (PNL), um ramo da IA que se ocupa da interação entre os computadores e a linguagem humana, desempenha um papel crucial na criação de interfaces de conversação e de assistentes vocais. Os algoritmos de PNL analisam e compreendem a linguagem humana, permitindo aplicações como chatbots, assistentes virtuais, análise de sentimentos e tradução de línguas. Estas capacidades permitem que as empresas forneçam apoio personalizado ao cliente, automatizem tarefas de rotina e obtenham informações de fontes de dados não estruturadas, como as redes sociais, as opiniões dos clientes e os fóruns online.

A IA também tem o potencial de democratizar a criatividade e permitir novas formas de expressão artística através de modelos generativos e ferramentas criativas de IA. As redes adversárias generativas (GAN), uma classe de algoritmos de IA capazes de gerar imagens, vídeos e música realistas, abriram novos caminhos para artistas, designers e músicos explorarem e ultrapassarem os limites da criatividade. Além disso, as ferramentas de criação de conteúdos baseadas em IA permitem aos profissionais de marketing gerar textos, imagens e vídeos de alta qualidade em grande escala, simplificando os processos de produção de conteúdos e alimentando a inovação criativa.

Apesar do seu potencial transformador, a IA também levanta desafios éticos, sociais e regulamentares que devem ser abordados. As preocupações relacionadas com a privacidade dos dados, o enviesamento algorítmico, a deslocação de postos de trabalho e a utilização indevida de tecnologias de IA sublinham a necessidade de um desenvolvimento e implantação responsáveis da

IA. Além disso, à medida que a IA se torna cada vez mais integrada em sistemas críticos e processos de tomada de decisão, é fundamental garantir a transparência, a responsabilidade e a equidade nos algoritmos e aplicações de IA.

Evolução da IA no marketing

A evolução da Inteligência Artificial (IA) no marketing marca uma jornada transformadora das abordagens tradicionais para estratégias personalizadas e orientadas por dados. Ao longo dos anos, a IA revolucionou a forma como as empresas interagem com os clientes, analisam os dados e optimizam as campanhas de marketing. Esta evolução foi impulsionada pelos avanços na tecnologia, pela disponibilidade de grandes volumes de dados e pela necessidade de práticas de marketing mais eficientes e eficazes.

Os primeiros tempos: Nos primeiros tempos do marketing, as decisões baseavam-se principalmente na intuição e numa análise de dados limitada. Os profissionais de marketing baseavam-se em dados demográficos, estudos de mercado e percepções subjectivas para desenvolver campanhas publicitárias e estratégias promocionais. Embora estes métodos fossem eficazes até certo ponto, faltava-lhes a precisão e a escalabilidade necessárias para competir num cenário cada vez mais competitivo.

O surgimento do marketing orientado para os dados: Com o advento das tecnologias digitais e da Internet, os profissionais de marketing passaram a dispor de uma grande quantidade de dados. Estes dados incluíam dados demográficos dos clientes, comportamento de navegação, histórico de compras e métricas de envolvimento. Os profissionais de marketing começaram a aproveitar estes dados para obter informações sobre as preferências dos consumidores, segmentar o seu público e personalizar os seus esforços de marketing. No entanto, a análise manual de grandes conjuntos de dados consumia muito tempo e recursos, limitando a escalabilidade dessas abordagens.

A ascensão da IA: A ascensão da IA provocou uma mudança de paradigma no marketing. Os algoritmos de IA, alimentados por técnicas de aprendizagem automática e de aprendizagem profunda, permitiram aos profissionais de marketing analisar grandes quantidades de dados com rapidez e precisão. Estes algoritmos podiam identificar padrões, prever resultados e descobrir informações ocultas que não eram visíveis através dos métodos de análise tradicionais. Como resultado, a IA tornou-se parte integrante de várias funções de marketing, incluindo a segmentação de clientes, a análise preditiva, a personalização de conteúdos e a otimização de campanhas.

Segmentação e segmentação de clientes: Uma das principais aplicações da IA no marketing é a segmentação e o direcionamento dos clientes. Os algoritmos de IA podem analisar os dados dos clientes para identificar segmentos distintos com base em dados demográficos, comportamento, interesses e preferências. Isso permite que os profissionais de marketing criem mensagens de marketing personalizadas, adaptadas às necessidades e preferências exclusivas de cada segmento. Ao visar o público certo com a mensagem certa no momento certo, as empresas podem melhorar o envolvimento, as taxas de conversão e a eficácia geral do marketing.

Análise preditiva: Outro avanço significativo possibilitado pela IA é a análise preditiva. Os algoritmos de IA podem analisar dados históricos para prever resultados futuros, como o comportamento do cliente, as tendências de vendas e a procura do mercado. Isto permite aos profissionais de marketing antecipar as necessidades dos clientes, identificar potenciais oportunidades e ajustar proactivamente as suas estratégias de marketing em conformidade. Ao tirar partido da análise preditiva, as empresas podem otimizar a atribuição de recursos, minimizar os riscos e manter-se à frente da concorrência.

Personalização de conteúdos: A IA também revolucionou a personalização de conteúdo, permitindo que os profissionais de marketing forneçam conteúdo altamente relevante e personalizado para clientes individuais. Os algoritmos de

IA podem analisar os dados dos clientes, como o histórico de navegação, as compras anteriores e a atividade nas redes sociais, para recomendar produtos, serviços e conteúdos com maior probabilidade de ter impacto em cada cliente. Este nível de personalização não só melhora a experiência do cliente, como também promove o envolvimento, a lealdade e a repetição de negócios.

Otimização de campanhas: As ferramentas e plataformas baseadas em IA tornaram a otimização de campanhas mais eficiente e eficaz. Os algoritmos de IA podem analisar o desempenho da campanha em tempo real, identificar tendências e padrões e ajustar automaticamente vários parâmetros, como a segmentação de anúncios, estratégias de licitação e mensagens, para maximizar o ROI. Este processo de otimização contínua garante que as campanhas de marketing estão sempre alinhadas com os objectivos comerciais e estão a produzir os melhores resultados possíveis.

Olhando para o futuro: À medida que a IA continua a evoluir, o seu impacto no marketing só irá aumentar. Os avanços no processamento de linguagem natural (PNL), na visão por computador e na modelação preditiva permitirão estratégias de marketing ainda mais sofisticadas e personalizadas. Além disso, a integração da IA com outras tecnologias emergentes, como a realidade aumentada (RA) e a realidade virtual (RV), criará novas oportunidades para experiências de marketing imersivas e interactivas.

Explorar o impacto da IA em todos os sectores

A Inteligência Artificial (IA) emergiu como uma força transformadora em vários sectores, revolucionando as operações, melhorando a eficiência e desbloqueando novas possibilidades. Dos cuidados de saúde às finanças, da produção ao retalho, as aplicações de IA estão a remodelar a forma como as empresas funcionam e fornecem valor. Nesta exploração, aprofundamos as diversas aplicações da IA em todos os sectores, destacando o seu profundo impacto e o seu futuro promissor.

Cuidados de saúde: Nos cuidados de saúde, a IA está a revolucionar os cuidados, o diagnóstico e o tratamento dos doentes. Os sistemas alimentados por IA analisam dados médicos, incluindo registos de pacientes, resultados laboratoriais e exames de imagem, para ajudar no diagnóstico e no planeamento do tratamento. Os algoritmos de aprendizagem automática podem identificar padrões em grandes conjuntos de dados, ajudando os médicos a fazer diagnósticos mais precisos e a personalizar os planos de tratamento. Além disso, a robótica com recurso à IA ajuda nas cirurgias, melhorando a precisão e reduzindo os tempos de recuperação. Além disso, os algoritmos de análise preditiva prevêem surtos de doenças e identificam pacientes de alto risco, permitindo intervenções proactivas e a atribuição de recursos.

Finanças: O sector financeiro adoptou a IA para simplificar as operações, mitigar os riscos e melhorar as experiências dos clientes. Os algoritmos de IA analisam grandes quantidades de dados financeiros para detetar fraudes, gerir riscos e otimizar carteiras de investimento. Os chatbots alimentados por processamento de linguagem natural (PNL) fornecem apoio personalizado ao cliente e facilitam as transacções sem problemas. Além disso, as plataformas de negociação algorítmica utilizam a IA para analisar as tendências do mercado e executar transacções em alturas ideais. Os robo-consultores orientados por IA oferecem conselhos de investimento automatizados com base em preferências individuais e objectivos financeiros, democratizando a gestão do património.

Fabrico: Na indústria transformadora, as tecnologias de IA impulsionam a automatização, a otimização e a manutenção preditiva. Os robots alimentados por IA executam tarefas repetitivas com precisão e rapidez, aumentando a eficiência e a qualidade da produção. Os algoritmos de aprendizagem automática analisam os dados dos sensores do equipamento para prever as necessidades de manutenção e evitar avarias dispendiosas. Além disso, os sistemas de gestão da cadeia de abastecimento com IA optimizam os níveis de inventário, minimizam os prazos de entrega e melhoram a precisão da previsão da procura. Os robôs colaborativos, ou cobots, trabalham ao lado de trabalhadores humanos, aumentando a produtividade e a segurança em ambientes de fabrico.

Retalho: Os retalhistas tiram partido da IA para proporcionar experiências de compra personalizadas, otimizar a gestão de inventário e melhorar as estratégias de marketing. Os mecanismos de recomendação orientados por IA analisam o comportamento e as preferências do cliente para sugerir produtos relevantes, aumentando as vendas e a satisfação do cliente. A tecnologia de visão por computador permite experiências de checkout sem caixa, aumentando a conveniência e reduzindo os tempos de espera. Além disso, as ferramentas analíticas alimentadas por IA fornecem informações sobre as tendências dos consumidores, ajudando os retalhistas a tomar decisões baseadas em dados relativamente à variedade de produtos, preços e promoções. Os assistentes virtuais alimentados por IA melhoram as interacções de serviço ao cliente, respondendo a perguntas e resolvendo problemas em tempo real.

Transportes: No sector dos transportes, a IA está a revolucionar a logística, a autonomia dos veículos e a otimização de rotas. Os algoritmos de IA optimizam as redes de transportes, reduzindo o congestionamento e melhorando a eficiência. Os veículos autónomos equipados com tecnologia de IA navegam nas estradas de forma segura e eficiente, prometendo revolucionar o transporte pessoal e comercial. Além disso, os algoritmos de manutenção preditiva analisam os dados dos sensores dos veículos para identificar potenciais problemas antes que estes se agravem, minimizando o tempo de inatividade e os custos de manutenção. Os drones alimentados por IA são utilizados para várias aplicações, incluindo levantamentos aéreos, entrega de encomendas e operações de busca e salvamento.

Energia: Na indústria da energia, a IA desempenha um papel crucial na otimização da produção, distribuição e consumo de energia. Os algoritmos de IA analisam dados de sensores e contadores inteligentes para otimizar a utilização de energia, reduzir o desperdício e diminuir os custos. Os algoritmos de manutenção preditiva identificam potenciais falhas de equipamento em centrais eléctricas e infra-estruturas de energias renováveis, melhorando a fiabilidade e a eficiência. Além disso, os modelos de análise preditiva baseados em IA prevêem a procura e a oferta de energia, permitindo uma melhor afetação de recursos e uma melhor gestão da rede. Os sistemas de redes inteligentes equipados com tecnologia de IA optimizam a distribuição de energia e equilibram a oferta e a procura em tempo real.

IA e transformação no marketing digital

A Inteligência Artificial (IA) surgiu como uma força transformadora no domínio do marketing digital, reformulando estratégias, melhorando a eficiência e revolucionando o envolvimento do cliente. Desde recomendações personalizadas a análises preditivas, as ferramentas e tecnologias alimentadas por IA estão a redefinir a forma como as empresas interagem com o seu público e impulsionam as conversões no panorama digital.

Uma das formas mais significativas em que a IA está a transformar o marketing digital é através da sua capacidade de analisar grandes quantidades de dados com uma velocidade e precisão sem precedentes. As estratégias de marketing tradicionais baseavam-se frequentemente na análise manual de dados, que consumia muito tempo e tinha um âmbito limitado. No entanto, as plataformas de análise orientadas para a IA podem processar grandes conjuntos de dados em tempo real, extraindo informações valiosas e identificando padrões que os analistas humanos poderiam ignorar. Ao tirar partido dos algoritmos de aprendizagem automática, os profissionais de marketing podem obter uma compreensão mais profunda do comportamento, das preferências e dos padrões de compra dos clientes, o que lhes permite adaptar as suas estratégias para obter o máximo impacto.

A personalização está no centro de um marketing digital eficaz e a IA é fundamental para proporcionar experiências altamente direccionadas e relevantes aos consumidores. Através de técnicas como o processamento de linguagem natural (PNL) e a análise de sentimentos, a IA pode interpretar e analisar as interacções dos clientes em vários canais, incluindo redes sociais, correio eletrónico e visitas a sítios Web. Munidos desta informação, os profissionais de marketing podem criar conteúdos personalizados, recomendações de produtos e ofertas promocionais que se enquadrem nas preferências individuais, impulsionando o envolvimento e promovendo a fidelidade do cliente.

Os chatbots alimentados por IA representam outra aplicação inovadora da inteligência artificial no marketing digital. Estes assistentes virtuais são capazes de simular conversas de tipo humano com os utilizadores, fornecendo apoio e assistência instantâneos 24 horas por dia. Ao integrar os chatbots nos seus sítios Web e plataformas de mensagens, as empresas podem melhorar o serviço ao cliente, simplificar a comunicação e automatizar tarefas de rotina, como responder a perguntas, agendar marcações e processar encomendas. Como resultado, as organizações podem melhorar a eficiência operacional, reduzir os tempos de resposta e proporcionar uma experiência de utilizador perfeita em vários pontos de contacto.

Além disso, a IA está a revolucionar o campo da Otimização para os Motores de Pesquisa (SEO), permitindo que os profissionais de marketing optimizem os seus conteúdos e sítios Web para uma melhor visibilidade e classificação nas páginas de resultados dos motores de pesquisa (SERPs). Os algoritmos orientados para a IA, como o RankBrain da Google, analisam o comportamento e as preferências dos utilizadores para fornecer resultados de pesquisa mais relevantes. Ao compreender o contexto e a intenção por detrás das consultas de pesquisa, os profissionais de marketing podem criar conteúdos que correspondam às expectativas dos utilizadores, aumentando a probabilidade de tráfego orgânico e de conversões. Além disso, as ferramentas alimentadas por IA podem identificar problemas técnicos, monitorizar o desempenho das palavras-chave e recomendar estratégias de otimização para melhorar o desempenho do sítio Web e as classificações nos motores de busca.

Para além de melhorar o envolvimento do cliente e impulsionar as vendas, a IA também está a capacitar os profissionais de marketing para tomarem decisões baseadas em dados e optimizarem as suas campanhas publicitárias para obterem o máximo ROI. Através da análise preditiva e dos algoritmos de aprendizagem automática, a IA pode prever tendências, antecipar as necessidades dos clientes e identificar com precisão potenciais clientes de elevado valor. Os profissionais de marketing podem tirar partido destas informações para atribuir os seus orçamentos de forma mais eficaz, visar segmentos de público-alvo específicos e otimizar os seus anúncios criativos para um melhor desempenho. Quer seja através de publicidade programática, preços dinâmicos ou modelação preditiva, a IA está a permitir que os profissionais de marketing alcancem uma maior eficiência e eficácia nas suas campanhas.

O marketing nas redes sociais é outra área em que a IA está a ter um impacto significativo, permitindo que as marcas aproveitem o poder das plataformas sociais para se ligarem ao seu público de forma significativa. As ferramentas baseadas em IA podem analisar as conversas nas redes sociais, identificar tendências e tópicos relevantes e avaliar o sentimento em relação a marcas e produtos em tempo real. Munidos desta informação, os profissionais de marketing podem criar conteúdos que ressoam com o seu público-alvo, envolver-se em interacções oportunas e capitalizar oportunidades emergentes para a defesa da marca e parcerias com influenciadores. Além disso, as ferramentas de escuta social alimentadas por IA podem ajudar as marcas a monitorizar a sua reputação online, identificar potenciais crises e abordar proactivamente as preocupações dos clientes antes que estas se agravem.

Em conclusão, a IA está a revolucionar o marketing digital, permitindo que as empresas aproveitem as informações baseadas em dados, forneçam experiências personalizadas e optimizem as suas estratégias para obter o máximo impacto. Desde a análise preditiva a recomendações personalizadas, chatbots e escuta de redes sociais, as tecnologias alimentadas por IA estão a remodelar a forma como os profissionais de marketing se envolvem com o seu público e geram resultados na era digital. À medida que a IA continua a evoluir e a amadurecer, o seu potencial para transformar o panorama do marketing digital só continuará a crescer, oferecendo novas oportunidades de inovação e crescimento para empresas de todas as dimensões.

CAPÍTULO 3
A intersecção entre o marketing de afiliação e a inteligência artificial

Ashwani Kumar

Escola de Engenharia e Tecnologia

K. R. Mangalam University, Gurugram, Haryana, Índia

Gaurav Kansal

Escola de Engenharia

ABES(IT), Ghaziabad, Uttar Pradesh, Índia

Introdução

No cenário dinâmico do marketing digital, a integração da inteligência artificial (IA) tornou-se um fator de mudança, revolucionando a forma como as empresas se envolvem com o seu público e impulsionam as conversões. Uma dessas áreas que está a testemunhar uma transformação significativa é o marketing de afiliação, onde a integração da IA está a remodelar estratégias, a otimizar processos e a fornecer resultados sem precedentes. Este artigo explora o profundo impacto da IA no marketing de afiliação, destacando os seus principais benefícios, desafios e implicações futuras.

Compreender a integração da IA no marketing de afiliados

A integração da IA no marketing de afiliados envolve o aproveitamento de algoritmos avançados e técnicas de aprendizagem automática para melhorar vários aspectos dos programas de afiliados. Da análise preditiva às recomendações personalizadas, a IA permite que os profissionais de marketing tomem decisões baseadas em dados, simplifiquem as operações e ampliem a eficácia da campanha.

Benefícios da integração da IA

Um dos principais benefícios da integração da IA no marketing de afiliados é a segmentação e o direcionamento melhorados. Os algoritmos de IA analisam grandes quantidades de dados para identificar padrões, preferências e comportamentos, permitindo que os profissionais de marketing direcionem com precisão seu público com ofertas e promoções relevantes. Esta abordagem direccionada não só melhora as taxas de conversão, como também melhora a experiência geral do utilizador.

Além disso, a análise baseada em IA fornece informações valiosas sobre o desempenho da campanha, o comportamento dos afiliados e o envolvimento do cliente. Ao analisar métricas como as taxas de cliques, as taxas de conversão e o valor do tempo de vida do cliente, os profissionais de marketing podem otimizar as suas estratégias em tempo real, identificando oportunidades de melhoria e maximizando o ROI.

Outra vantagem da integração da IA é a automatização. As ferramentas orientadas para a IA automatizam tarefas repetitivas como o recrutamento de afiliados, a otimização de conteúdos e o acompanhamento do desempenho, libertando tempo e recursos valiosos para iniciativas estratégicas. Esta automatização não só aumenta a eficiência, como também permite aos profissionais de marketing escalar os seus programas de afiliados de forma eficaz.

Além disso, a IA permite uma otimização dinâmica dos preços e das ofertas, permitindo aos comerciantes ajustar os preços e os incentivos com base nas condições de mercado em tempo real, na atividade da concorrência e no comportamento dos clientes. Esta abordagem dinâmica garante que os afiliados são incentivados a promover produtos e serviços a preços óptimos, maximizando a rentabilidade tanto para os comerciantes como para os afiliados.

Desafios e considerações

Apesar dos seus inúmeros benefícios, a integração da IA no marketing de afiliação não está isenta de desafios. Uma das principais preocupações é a privacidade e a segurança dos dados. Como a IA se baseia em grandes quantidades de dados do usuário para gerar insights e previsões, é essencial garantir a conformidade com os regulamentos de proteção de dados, como o GDPR. Os profissionais de marketing devem priorizar a transparência, o consentimento e a segurança dos dados para manter a confiança e a fidelidade do cliente.

Além disso, os algoritmos de IA são tão eficazes quanto os dados em que são treinados. Dados tendenciosos ou incompletos podem levar a previsões imprecisas e a tomadas de decisão falhas, prejudicando a eficácia das estratégias de afiliados baseadas em IA. Os profissionais de marketing devem investir em processos de coleta, limpeza e validação de dados de alta qualidade para mitigar o viés e garantir a confiabilidade dos insights orientados por IA.

Além disso, o ritmo acelerado da inovação tecnológica significa que a integração da IA exige uma aprendizagem e adaptação contínuas. Os profissionais de marketing devem manter-se a par dos últimos desenvolvimentos na tecnologia de IA, aperfeiçoando continuamente as suas estratégias e capacidades para se manterem competitivos no cenário do marketing de afiliação em constante evolução.

Implicações futuras

Olhando para o futuro, a integração da IA no marketing de afiliados está pronta para se tornar ainda mais difundida e transformadora. Os avanços no processamento de linguagem natural, visão computacional e modelagem preditiva permitirão recursos mais sofisticados de segmentação, personalização e automação, aumentando ainda mais a eficácia e a eficiência dos programas de afiliados.

Além disso, o aumento dos motores de recomendação e dos chatbots alimentados por IA permitirá experiências de cliente mais perfeitas e personalizadas, conduzindo a taxas de envolvimento e conversão mais elevadas. Os profissionais de marketing que adoptarem estas tecnologias emergentes e adaptarem as suas estratégias em conformidade ganharão uma vantagem competitiva no espaço cada vez mais concorrido do marketing de afiliação.

Desbloqueando o potencial: Análises baseadas em IA para programas de afiliados

No panorama dinâmico do marketing digital, os programas de afiliados destacam-se como uma estratégia poderosa para impulsionar as vendas e expandir o alcance da marca. À medida que o ecossistema digital continua a evoluir, as empresas estão a recorrer cada vez mais à inteligência artificial (IA) para melhorar a eficácia dos seus programas de afiliados. A análise alimentada por IA, em particular, surgiu como um divisor de águas, oferecendo insights sem precedentes e capacidades de otimização. Nesta exploração, aprofundamos o impacto transformador da análise alimentada por IA nos programas de afiliados, descobrindo os seus benefícios, aplicações e perspectivas futuras.

O marketing de afiliados, na sua essência, baseia-se em parcerias entre empresas (comerciantes) e afiliados (editores) para promover produtos ou serviços em troca de uma comissão sobre as vendas. Tradicionalmente, o acompanhamento e a análise do desempenho das campanhas de afiliados têm sido tarefas de trabalho intensivo, muitas vezes limitadas pelo âmbito dos dados disponíveis e pela capacidade de análise manual. No entanto, com o advento da IA, estas limitações estão a ser ultrapassadas, abrindo caminho para uma nova era de marketing de afiliação orientado para os dados.

Uma das principais vantagens da análise baseada em IA nos programas de afiliados é a sua capacidade de processar grandes quantidades de dados em tempo real. Os algoritmos de IA podem analisar conjuntos de dados complexos, incluindo taxas de cliques, taxas de conversão, dados demográficos dos clientes e muito mais, para extrair informações valiosas que informam a tomada de decisões. Ao aproveitar os algoritmos de aprendizagem automática, as empresas podem obter uma compreensão mais profunda do comportamento do seu público, identificar tendências e padrões e otimizar as suas estratégias de afiliação em conformidade.

A análise com base em IA também permite a modelação preditiva, permitindo às empresas antecipar tendências futuras e otimizar os seus programas de afiliados de forma proactiva. Através de algoritmos avançados, a IA pode prever projecções de vendas, identificar afiliados com elevado potencial e recomendar estratégias personalizadas para maximizar o ROI. Esta capacidade de previsão permite que as empresas se mantenham à frente da concorrência e se adaptem à dinâmica do mercado em mudança com agilidade.

Além disso, as análises baseadas em IA oferecem capacidades melhoradas de segmentação e direcionamento, permitindo que as empresas adaptem as suas campanhas de afiliação a segmentos de público específicos com precisão. Ao analisar os dados históricos e os padrões de comportamento dos utilizadores, os algoritmos de IA podem identificar segmentos de público de elevado valor e criar ofertas de afiliados direccionadas que correspondam aos seus interesses e preferências. Este nível de granularidade não só melhora a eficácia das campanhas de marketing de afiliação, como também melhora a experiência geral do cliente, conduzindo a um maior envolvimento e conversões.

Para além de otimizar o desempenho da campanha, a análise baseada em IA desempenha um papel crucial na deteção e prevenção de fraudes nos programas de afiliados. Ao analisar os dados transaccionais e os padrões de comportamento dos utilizadores, os algoritmos de IA podem assinalar actividades suspeitas, tais como fraude de cliques, conluio de afiliados e transacções fraudulentas. Esta abordagem proactiva à deteção de fraudes ajuda as empresas a mitigar os riscos e a salvaguardar a integridade das suas parcerias de afiliados, preservando, em última análise, a confiança e a credibilidade no ecossistema.

A integração de análises baseadas em IA em programas de afiliados não está isenta de desafios. Um dos principais obstáculos é a privacidade e conformidade dos dados, particularmente à luz de regulamentos como o Regulamento Geral de Proteção de Dados (GDPR) e a Lei de Privacidade do Consumidor da Califórnia (CCPA). As empresas têm de garantir que os seus sistemas de IA cumprem normas rigorosas de proteção de dados e obtêm o consentimento explícito dos utilizadores para as actividades de processamento de dados. O não cumprimento destes regulamentos pode resultar em coimas pesadas e danos para a reputação.

Além disso, a eficácia da análise baseada em IA depende muito da qualidade e da diversidade dos dados disponíveis para análise. As empresas devem investir em mecanismos robustos de recolha de dados e garantir a exatidão, a exaustividade e a relevância dos dados para obterem informações significativas dos algoritmos de IA. Isto pode exigir a integração de dados de várias fontes, como sistemas de CRM, plataformas de marketing e API de terceiros, para criar uma visão abrangente das interacções e comportamentos dos clientes.

Apesar desses desafios, os benefícios potenciais da análise baseada em IA para programas de afiliados são inegáveis. Desde a otimização do desempenho da campanha e a melhoria das capacidades de segmentação até à mitigação dos riscos de fraude e à melhoria do envolvimento do cliente, os insights orientados por IA têm o poder de revolucionar o cenário do marketing de afiliados. À medida que as empresas continuam a adotar as tecnologias de IA e a investir em estratégias baseadas em dados, o futuro do marketing de afiliação parece mais brilhante do que nunca. Ao aproveitar todo o potencial da análise baseada em IA, as empresas podem desbloquear novas oportunidades de crescimento, inovação e sucesso na era digital.

Segmentação e personalização orientadas por IA

A segmentação e a personalização orientadas por IA revolucionaram a forma como as empresas se envolvem com os seus clientes no domínio do marketing de afiliados. Aproveitando os algoritmos de IA, os profissionais de marketing podem agora fornecer conteúdo e ofertas altamente personalizados a consumidores individuais com base nas suas preferências, comportamentos e dados demográficos únicos. Este nível de precisão na segmentação não só melhora a experiência do cliente, como também aumenta significativamente as taxas de conversão e impulsiona as receitas dos comerciantes afiliados.

No centro da segmentação e personalização orientadas por IA está a capacidade de recolher e analisar grandes quantidades de dados em tempo real. Ao aproveitar os algoritmos avançados de aprendizagem automática, os profissionais de marketing podem processar estes dados para descobrir informações valiosas sobre o seu público-alvo, incluindo os seus interesses, histórico de compras, comportamento de navegação e muito mais. Estas informações servem de base para a criação de campanhas de marketing altamente direccionadas que se repercutem nos consumidores individuais a um nível pessoal.

Uma das principais vantagens da segmentação baseada em IA é a sua capacidade de segmentar públicos com uma granularidade sem paralelo. Os métodos de segmentação tradicionais baseiam-se frequentemente em dados demográficos abrangentes, como a idade, o sexo e a localização, que podem ignorar as preferências e os comportamentos únicos dos consumidores individuais dentro destes grupos. Os algoritmos de IA, por outro lado, podem identificar micro-segmentos distintos com base numa multiplicidade de factores, permitindo aos profissionais de marketing adaptar as suas mensagens e ofertas a segmentos de público altamente específicos.

Além disso, a personalização com base na IA permite aos profissionais de marketing fornecer conteúdos dinâmicos que se adaptam às preferências e ao comportamento de cada utilizador em tempo real. Através de técnicas como a análise preditiva e a filtragem colaborativa, os algoritmos de IA podem antecipar quais os produtos ou conteúdos com que um utilizador tem maior probabilidade de se envolver e apresentar recomendações relevantes em conformidade. Este nível de personalização não só melhora a experiência do utilizador, como também aumenta a probabilidade de conversão, apresentando aos utilizadores produtos ou ofertas que correspondem aos seus interesses e necessidades.

Outro benefício fundamental da segmentação e personalização orientadas por IA é a sua capacidade de otimizar as campanhas de marketing para obter o máximo impacto. Ao analisar continuamente os dados sobre as interacções dos utilizadores e as taxas de conversão, os algoritmos de IA podem identificar padrões e tendências que indicam quais as estratégias de marketing mais eficazes. Isto permite que os profissionais de marketing refinem iterativamente as suas campanhas em tempo real, atribuindo recursos aos canais e tácticas que produzem o maior retorno do investimento.

Além disso, a segmentação e a personalização orientadas pela IA permitem aos profissionais de marketing proporcionar experiências omnicanal que se integram perfeitamente em vários pontos de contacto. Quer um utilizador esteja a navegar num website, a percorrer as redes sociais ou a abrir um e-mail, os algoritmos de IA podem garantir que recebe mensagens consistentes e relevantes adaptadas às suas preferências e comportamento. Esta abordagem holística ao marketing não só melhora a experiência global do cliente, como também maximiza a eficácia dos esforços de marketing dos afiliados, chegando aos utilizadores onde quer que estejam no seu percurso de comprador.

No entanto, apesar dos inúmeros benefícios da segmentação e personalização orientadas por IA, é importante que os profissionais de marketing tenham cuidado para evitar possíveis armadilhas. Uma preocupação comum é a questão da privacidade dos dados e do consentimento do consumidor. Como os algoritmos de IA dependem de grandes quantidades de dados do utilizador para fazer previsões e recomendações precisas, os profissionais de marketing devem garantir que são transparentes sobre a forma como estes dados são recolhidos, utilizados e armazenados, e obter o consentimento explícito dos utilizadores antes de implementar estratégias de marketing personalizadas.

Outro desafio é o risco de enviesamento algorítmico, em que os algoritmos de IA perpetuam ou exacerbam inadvertidamente as desigualdades ou estereótipos existentes. Por exemplo, se um algoritmo for treinado com dados tendenciosos, pode inadvertidamente discriminar certos grupos demográficos ou reforçar os preconceitos existentes nas suas recomendações. Para mitigar este risco, os profissionais de marketing devem tomar medidas pró-activas para auditar e monitorizar os seus algoritmos quanto a preconceitos e garantir que são treinados com base em conjuntos de dados diversificados e representativos.

Automação e otimização no marketing de afiliados com IA

No cenário dinâmico do marketing digital, onde a concorrência é feroz e os comportamentos dos consumidores evoluem rapidamente, o papel da automatização e da otimização tornou-se primordial. Atualmente, com a integração da inteligência artificial (IA), o marketing de afiliados assistiu a uma mudança de paradigma na forma como as empresas abordam as suas estratégias para impulsionar as conversões, maximizar o ROI e fomentar parcerias a longo prazo com afiliados. Este capítulo aprofunda o impacto profundo das técnicas de automatização e otimização baseadas em IA nas campanhas de marketing de afiliação, explorando os seus benefícios, desafios e melhores práticas.

A automação no marketing de afiliados refere-se ao uso de algoritmos de IA e técnicas de aprendizado de máquina para simplificar tarefas repetitivas, melhorar a eficiência operacional e oferecer experiências personalizadas em escala. Uma das principais áreas em que a automação desempenha um papel fundamental é na gestão de programas de afiliados. Tradicionalmente, os gerentes de afiliados eram encarregados de revisar manualmente as métricas de desempenho, aprovar aplicativos de afiliados e monitorar a conformidade. No entanto, com as ferramentas de automação alimentadas por IA, estes processos são agora automatizados, permitindo o acompanhamento em tempo real, a deteção de fraudes e a análise do desempenho.

A automatização baseada na IA também se estende à otimização dos conteúdos e criativos dos afiliados. Ao aproveitar os algoritmos de processamento de linguagem natural (PNL), os profissionais de marketing podem analisar a eficácia de diferentes estratégias de mensagens, identificar palavras-chave de alto desempenho e adaptar o conteúdo para ressoar com segmentos de público específicos. Além disso, as ferramentas de geração de conteúdos com base em IA podem ajudar os afiliados a criar materiais promocionais envolventes e relevantes, melhorando assim as taxas de conversão e maximizando as receitas dos afiliados.

Outro aspeto fundamental da automatização no marketing de afiliados é a otimização dinâmica de preços e ofertas. Através de algoritmos de IA que analisam as tendências do mercado, as estratégias de preços da concorrência e os padrões de comportamento dos consumidores, as empresas podem ajustar automaticamente as suas estruturas de comissões, descontos e incentivos em tempo real para maximizar a rentabilidade, mantendo-se competitivas. Este nível de agilidade e capacidade de resposta é crucial no atual mercado digital de ritmo acelerado, onde as expectativas dos consumidores estão em constante evolução.

No entanto, embora a automação traga inúmeros benefícios para o marketing de afiliados, também apresenta certos desafios e considerações. Uma das principais preocupações é o risco de dependência excessiva dos algoritmos de IA, o que pode levar à perda de supervisão e julgamento humano. É essencial que os profissionais de marketing encontrem o equilíbrio certo entre a automatização e a intervenção humana, assegurando que as tecnologias de IA complementam e não substituem a criatividade humana e o pensamento estratégico.

Além disso, as implicações éticas da automatização da IA no marketing de afiliação não podem ser ignoradas. À medida que os algoritmos se tornam cada vez mais sofisticados na previsão do comportamento do consumidor e na otimização das campanhas de marketing, surgem questões relacionadas com a privacidade dos dados, a parcialidade dos algoritmos e a manipulação das escolhas dos consumidores. Os profissionais de marketing devem dar prioridade à transparência, responsabilidade e directrizes éticas na sua utilização de tecnologias de IA para criar confiança e manter a integridade nas relações com os afiliados.

Apesar destes desafios, os benefícios da automatização e otimização orientada para a IA no marketing de afiliados são inegáveis. Ao aproveitar o poder da IA para automatizar tarefas de rotina, otimizar o desempenho da campanha e proporcionar experiências personalizadas, as empresas podem desbloquear novos níveis de eficiência, escalabilidade e eficácia nos seus programas de afiliados. À medida que a IA continua a avançar e a evoluir, o futuro do marketing de afiliados promete ser impulsionado por insights orientados por dados, análises preditivas e automação inteligente.

Em conclusão, a automação e a otimização são componentes integrais de estratégias de marketing de afiliados bem-sucedidas, e a integração de tecnologias de IA revolucionou a forma como as empresas abordam estes aspectos. Ao adotar ferramentas e técnicas de automação orientadas para a IA, os profissionais de marketing podem simplificar as operações, melhorar a segmentação e a personalização e maximizar o impacto das suas campanhas de afiliação. No entanto, é essencial navegar pelas considerações e desafios éticos associados à automação da IA para garantir que o marketing de afiliação permaneça ético, transparente e centrado no consumidor na era digital.

CAPÍTULO 4
Estudos de caso e histórias de sucesso

Sudesh Singh

Departamento de Informática

NIET, Greater Noida, Uttar Pradesh, Índia

Ashwani Kumar

Escola de Engenharia e Tecnologia

K. R. Mangalam University, Gurugram, Haryana, Índia

Introdução

Na era digital atual, as redes sociais tornaram-se parte integrante da nossa vida quotidiana, revolucionando a forma como comunicamos, nos relacionamos e consumimos informação. Com o advento das plataformas de redes sociais como o Facebook, Instagram, Twitter, LinkedIn e outras, as empresas encontraram novas formas de alcançar e interagir com os seus públicos-alvo. A publicidade nas redes sociais surgiu como uma ferramenta poderosa para as empresas de todas as dimensões promoverem os seus produtos e serviços, criarem consciência da marca, gerarem tráfego e aumentarem as vendas.

Implementação da IA em campanhas de marketing de afiliação

A Inteligência Artificial (IA) surgiu como uma força transformadora em vários sectores, e o seu impacto no marketing, especificamente no domínio do marketing de afiliação, é profundo. A implementação da IA nas campanhas de marketing de afiliação está a revolucionar a forma como as empresas conduzem o tráfego, envolvem os clientes e optimizam as conversões. Nesta discussão, aprofundamos as várias facetas da integração da IA em campanhas de marketing de afiliados, explorando os seus benefícios, desafios e melhores práticas.

O marketing de afiliados é uma estratégia de marketing baseada no desempenho, em que as empresas recompensam os afiliados por conduzirem tráfego ou vendas para os seus sítios Web através dos esforços de marketing do afiliado. Tradicionalmente, o marketing de afiliados baseava-se em processos manuais de acompanhamento, atribuição e otimização. No entanto, com o advento das tecnologias de IA, os profissionais de marketing têm agora acesso a ferramentas e algoritmos avançados que podem automatizar e otimizar vários aspectos das campanhas de marketing de afiliados.

Uma das principais áreas em que a IA está a ter um impacto significativo no marketing de afiliados é a análise preditiva. Os algoritmos alimentados por IA podem analisar grandes quantidades de dados para prever o comportamento do consumidor, identificar tendências e antecipar mudanças no mercado. Ao tirar partido da análise preditiva, os profissionais de marketing de afiliação podem tomar decisões baseadas em dados relativamente às suas estratégias de campanha, tais como direcionar os segmentos de público certos, otimizar os anúncios criativos e determinar os canais promocionais mais eficazes.

Além disso, a IA permite a otimização em tempo real das campanhas de marketing dos afiliados. As plataformas tradicionais de marketing de afiliados dependem frequentemente de regras predefinidas e de ajustes manuais para otimizar o desempenho da campanha. No entanto, os algoritmos de otimização orientados para a IA podem analisar continuamente os dados da campanha, ajustar os parâmetros de segmentação e atribuir recursos em tempo real para maximizar o ROI. Esta abordagem dinâmica à otimização garante que os comerciantes afiliados se podem adaptar às condições de mercado em mudança e às preferências dos consumidores de forma eficaz.

Outra área em que a IA está a revolucionar o marketing de afiliados é a personalização. O marketing personalizado tornou-se cada vez mais importante no panorama digital atual, uma vez que os consumidores esperam experiências personalizadas que correspondam às suas preferências e interesses individuais.

Os algoritmos de IA podem analisar os dados do utilizador, como o comportamento de navegação, o histórico de compras e as informações demográficas, para criar recomendações personalizadas e ofertas promocionais para campanhas de marketing de afiliados. Ao fornecer conteúdo relevante e direcionado aos consumidores, os comerciantes afiliados podem aumentar o envolvimento, criar lealdade à marca e impulsionar as conversões.

Além disso, os chatbots alimentados por IA estão a transformar a forma como os comerciantes afiliados interagem com os consumidores. Os chatbots equipados com capacidades de processamento de linguagem natural (NLP) podem interagir com os utilizadores em tempo real, respondendo a perguntas, fornecendo recomendações de produtos e orientando-os durante o processo de compra. Ao integrar os chatbots nas campanhas de marketing de afiliados, os profissionais de marketing podem fornecer assistência personalizada aos consumidores, simplificar o percurso do cliente e melhorar a experiência geral do utilizador.

Apesar dos inúmeros benefícios da implementação da IA em campanhas de marketing de afiliação, existem também desafios e considerações que os profissionais de marketing precisam de abordar. Um desses desafios é a privacidade e a segurança dos dados. Como a IA se baseia em grandes quantidades de dados do usuário para oferecer experiências personalizadas, os profissionais de marketing devem garantir que cumpram os regulamentos de proteção de dados e implementem medidas de segurança robustas para proteger as informações do consumidor.

Além disso, pode haver preocupações relativamente à utilização ética da IA no marketing de afiliação. Os profissionais de marketing devem ser transparentes sobre a forma como os algoritmos de IA são utilizados para recolher e analisar dados, e devem garantir que os consumidores têm controlo sobre as suas informações e preferências pessoais. Ao adotar práticas éticas de IA, os profissionais de marketing podem criar confiança junto dos consumidores e mitigar potenciais reacções adversas ou danos à reputação.

Aproveitar a IA para a gestão de programas de afiliados

O marketing de afiliados surgiu como uma via lucrativa para as empresas expandirem o seu alcance e impulsionarem as vendas através de parcerias com afiliados. No entanto, a gestão eficaz de programas de afiliados requer uma atenção meticulosa aos detalhes, tomada de decisões estratégicas e otimização contínua. Nos últimos anos, a integração da inteligência artificial (IA) na gestão de programas de afiliados revolucionou a forma como as empresas abordam este aspeto da sua estratégia de marketing. Ao tirar partido das tecnologias de IA, as empresas podem simplificar os processos, melhorar o desempenho e desbloquear novas oportunidades de crescimento nos seus programas de afiliados.

Análises e percepções orientadas por IA: Uma das principais áreas em que a IA se destaca na gestão de programas de afiliados é no domínio da análise e dos conhecimentos. Os métodos tradicionais de análise do desempenho dos afiliados envolvem frequentemente a revisão manual dos dados, a identificação de tendências e a realização de ajustes em conformidade. No entanto, as plataformas de análise alimentadas por IA podem automatizar este processo, permitindo que as empresas obtenham conhecimentos mais profundos sobre o desempenho dos afiliados em tempo real.

Estas plataformas de análise baseadas em IA utilizam algoritmos avançados para analisar grandes quantidades de dados, incluindo taxas de cliques, taxas de conversão e receitas geradas por cada afiliado. Ao tirar partido dos algoritmos de aprendizagem automática, estas plataformas podem identificar padrões e correlações que podem não ser evidentes para os analistas humanos. Isto permite às empresas tomar decisões baseadas em dados relativamente à seleção de afiliados, estruturas de comissões e estratégias promocionais.

Além disso, a análise baseada em IA pode fornecer informações preditivas, permitindo às empresas antecipar tendências futuras e ajustar as suas estratégias de afiliação em conformidade. Por exemplo, os modelos de aprendizagem automática podem prever alterações no comportamento do consumidor com base em dados históricos, permitindo que as empresas optimizem os seus programas de afiliação para uma eficácia máxima.

Otimização e Personalização Automatizadas: Outra vantagem significativa de aproveitar a IA para a gestão de programas de afiliados é a capacidade de automatizar os esforços de otimização e personalização. A gestão tradicional de afiliados envolve a definição manual de taxas de comissão, o acompanhamento do desempenho dos afiliados e o ajuste de estratégias com base em métricas de desempenho. No entanto, as ferramentas de otimização alimentadas por IA podem automatizar estes processos, poupando tempo e recursos e maximizando os resultados.

Os algoritmos de IA podem ajustar dinamicamente as taxas de comissão com base em vários factores, como o desempenho do afiliado, a popularidade do produto e a procura do mercado. Ao otimizar continuamente as estruturas de comissões, as empresas podem incentivar os afiliados a gerar tráfego e conversões de maior qualidade.

Além disso, a IA pode permitir experiências de afiliação personalizadas tanto para os afiliados como para os consumidores. Para os afiliados, as plataformas alimentadas por IA podem fornecer recomendações e insights personalizados para ajudá-los a otimizar os seus esforços promocionais. Isto pode incluir recomendações sobre quais os produtos a promover, as melhores alturas para os promover e estratégias para maximizar as conversões.

Para os consumidores, a personalização orientada por IA pode melhorar a experiência de compra, fornecendo ofertas e recomendações relevantes com base nas suas preferências e comportamento. Ao tirar partido da análise de dados e da aprendizagem automática, as empresas podem segmentar eficazmente o seu público e apresentar promoções direccionadas através de canais afiliados, resultando em taxas de envolvimento e conversão mais elevadas.

Deteção e prevenção de fraudes: As actividades fraudulentas, como a fraude de cliques e a fraude de afiliados, podem colocar desafios significativos às empresas que participam em programas de marketing de afiliados. Estas actividades podem comprometer a integridade dos programas de afiliados e resultar em perdas financeiras para as empresas. No entanto, as tecnologias de IA oferecem soluções poderosas para a deteção e prevenção de fraudes no marketing de afiliados.

Os sistemas de deteção de fraudes baseados em IA utilizam algoritmos avançados para analisar padrões e anomalias no tráfego e comportamento dos afiliados. Estes sistemas podem identificar actividades suspeitas, tais como taxas de cliques ou taxas de conversão invulgarmente elevadas, que podem indicar um comportamento fraudulento.

Ao tirar partido dos algoritmos de aprendizagem automática, estes sistemas podem aprender e adaptar-se continuamente a novas tácticas de fraude, permitindo que as empresas se mantenham um passo à frente dos autores de fraudes. Além disso, as ferramentas de prevenção de fraudes baseadas em IA podem bloquear automaticamente afiliados e transacções fraudulentas em tempo real, minimizando o impacto das actividades fraudulentas nos resultados das empresas.

Conversões de afiliados melhoradas por inteligência artificial

A inteligência artificial (IA) revolucionou vários sectores e o seu impacto no marketing de afiliação é profundo. Ao alavancar algoritmos avançados e análise de dados, a IA transformou a forma como os comerciantes de afiliados atraem, envolvem e convertem clientes. Nesta discussão, vamos aprofundar a forma como a IA melhorou as conversões dos afiliados, conduzindo a estratégias de marketing mais eficazes e a um aumento das receitas das empresas.

Uma das principais formas de a IA melhorar as conversões dos afiliados é através de recomendações personalizadas. O marketing tradicional de afiliados baseava-se em estratégias de publicidade genéricas que muitas vezes não conseguiam atingir o público certo. No entanto, os motores de recomendação alimentados por IA analisam grandes quantidades de dados, incluindo o comportamento do utilizador, as preferências e o histórico de compras, para fornecer recomendações de produtos personalizadas. Estas recomendações são adaptadas aos interesses e preferências de cada indivíduo, aumentando a probabilidade de conversão.

A IA também melhora a precisão da segmentação, identificando clientes de elevado valor e prevendo o seu comportamento de compra. Ao analisar pontos de dados como dados demográficos, histórico de navegação e compras anteriores, os algoritmos de IA podem segmentar os clientes em diferentes grupos e direccioná-los com ofertas e promoções relevantes. Esta abordagem direccionada garante que os comerciantes afiliados chegam ao público certo com a mensagem certa no momento certo, resultando em taxas de conversão mais elevadas.

Além disso, a IA permite a otimização dinâmica dos preços, o que permite aos comerciantes afiliados ajustar os preços em tempo real com base na procura do mercado, nos preços dos concorrentes e no comportamento dos clientes. Os algoritmos de IA monitorizam continuamente as condições do mercado e as tendências dos consumidores, optimizando as estratégias de preços para maximizar as receitas e manter a competitividade. Ao oferecer preços competitivos e promoções atempadas, os comerciantes afiliados podem atrair mais clientes e impulsionar as conversões.

Outra forma de a IA melhorar as conversões dos afiliados é através da análise preditiva. Ao analisar dados históricos e identificar padrões e tendências, os algoritmos de IA podem prever o comportamento futuro do cliente e antecipar as suas necessidades e preferências. Esta capacidade de previsão permite que os comerciantes afiliados ajustem proactivamente as suas estratégias e conteúdos de marketing para se alinharem com as expectativas dos clientes, aumentando a probabilidade de conversão.

Além disso, os chatbots e os assistentes virtuais alimentados por IA fornecem um apoio ao cliente personalizado e interativo, orientando os utilizadores ao longo do processo de compra e respondendo às suas preocupações em tempo real. Estes chatbots tiram partido do processamento da linguagem natural e dos algoritmos de aprendizagem automática para compreender e responder às questões dos clientes, proporcionando uma experiência de compra eficiente e sem descontinuidades. Ao oferecer assistência personalizada e apoio atempado, os chatbots com IA podem ajudar a ultrapassar as objecções dos clientes e a impulsionar as conversões.

Para além de melhorar o envolvimento dos clientes e as taxas de conversão, a IA também melhora o marketing dos afiliados através da deteção e prevenção de fraudes. Os algoritmos de IA analisam os dados das transacções e o comportamento dos utilizadores para identificar actividades fraudulentas, como a fraude de cliques e o tráfego de bots, em tempo real. Ao detetar e bloquear transacções fraudulentas, a IA ajuda a garantir a integridade e a eficácia das campanhas de marketing dos afiliados, protegendo os anunciantes e os afiliados de perdas financeiras.

Além disso, a IA permite a criação e otimização automatizadas de conteúdos, permitindo aos comerciantes afiliados gerar conteúdos de alta qualidade em escala e optimizá-los para motores de busca e plataformas de redes sociais. As ferramentas de criação de conteúdos com IA tiram partido do processamento de linguagem natural e dos algoritmos de aprendizagem automática para analisar os conteúdos existentes, identificar tópicos e palavras-chave relevantes e gerar automaticamente conteúdos apelativos e cativantes. Ao simplificar o processo de criação de conteúdos e ao melhorar a sua qualidade e relevância, a IA ajuda os profissionais de marketing afiliado a atrair mais tráfego e a gerar conversões.

Maximizar as receitas através de estratégias de afiliados orientadas para a IA

No domínio do marketing digital, a fusão da inteligência artificial (IA) e das estratégias dos afiliados surgiu como uma força potente, revolucionando a forma como as empresas maximizam as receitas e optimizam o desempenho. Esta sinergia aproveita o poder dos algoritmos de IA para conduzir campanhas direccionadas, melhorar o envolvimento do cliente e, em última análise, impulsionar o crescimento das receitas. Neste discurso, aprofundamos os meandros das estratégias de afiliados orientadas para a IA, explorando os seus múltiplos benefícios, aplicações inovadoras e impacto profundo na geração de receitas.

No centro das estratégias de afiliação orientadas para a IA está o conceito de análise preditiva. Ao aproveitar vastos conjuntos de dados e algoritmos sofisticados, a IA permite que os profissionais de marketing antecipem o comportamento do consumidor com uma precisão incomparável. Através da modelação preditiva, as empresas podem identificar audiências de elevada conversão, prever padrões de compra e adaptar as campanhas de afiliados em conformidade. Esta abordagem proactiva não só aumenta as taxas de conversão, como também cultiva relações de longo prazo com os clientes, promovendo assim fluxos de receitas sustentados.

Uma das principais vantagens das estratégias de afiliação baseadas em IA é a sua capacidade de otimizar os esforços de marketing em tempo real. Os métodos tradicionais baseiam-se na análise manual e em ajustes periódicos, resultando muitas vezes em resultados abaixo do ideal e oportunidades perdidas. Em contraste, a IA monitoriza continuamente o desempenho da campanha, identifica tendências e adapta estratégias em tempo real. Quer se trate de refinar a segmentação do público-alvo, ajustar as estratégias de licitação ou personalizar a entrega de conteúdos, a IA garante que os esforços dos afiliados permanecem ágeis, reactivos e afinados para maximizar o potencial de receitas.

Além disso, a IA permite que os profissionais de marketing aproveitem todo o espetro de dados dos consumidores para a tomada de decisões estratégicas. Ao integrar fontes díspares, como o histórico de navegação, a atividade nas redes sociais e o comportamento de compra, a IA gera perfis de consumidor abrangentes que revelam preferências, interesses e intenções. Armadas com este conhecimento inestimável, as empresas podem criar campanhas de afiliação hiper-direccionadas que ressoam profundamente com o seu público, impulsionando o envolvimento e as conversões com precisão cirúrgica.

Além disso, a IA aumenta as estratégias dos afiliados através da otimização dinâmica dos conteúdos. Ao analisar as interacções dos utilizadores em tempo real, os algoritmos de IA podem personalizar elementos de conteúdo como títulos, imagens e apelos à ação para maximizar o envolvimento e as taxas de conversão. Através de testes iterativos e da aprendizagem automática, a IA aperfeiçoa continuamente estas optimizações, assegurando que o conteúdo dos afiliados permanece atraente, relevante e altamente eficaz na geração de receitas.

Outra pedra angular das estratégias de afiliados orientadas para a IA é a automatização de tarefas e fluxos de trabalho de rotina. Desde a colocação de anúncios e acompanhamento do desempenho até aos pagamentos de comissões e comunicação com os parceiros, a IA simplifica todas as facetas do ecossistema de marketing de afiliados, libertando tempo e recursos valiosos para iniciativas estratégicas. Ao automatizar processos de trabalho intensivo, as empresas podem escalar os seus programas de afiliados de forma eficiente, integrar novos parceiros sem problemas e alocar recursos de forma mais eficaz, ampliando assim as oportunidades de geração de receitas e optimizando a relação custo-eficácia.

Além disso, a IA permite que os profissionais de marketing libertem todo o potencial das estratégias de preços dinâmicos no contexto dos afiliados. Através da análise preditiva e da previsão da procura, os algoritmos de IA podem ajustar dinamicamente as estruturas de preços e comissões em resposta à dinâmica do mercado, à atividade dos concorrentes e aos sinais de procura dos consumidores. Esta otimização dinâmica dos preços não só maximiza as receitas por transação, como também aumenta a satisfação e a lealdade dos parceiros, promovendo relações mutuamente benéficas no ecossistema dos afiliados.

Além disso, as estratégias de afiliação baseadas em IA facilitam a integração perfeita entre canais, permitindo que as empresas orquestrem campanhas de marketing coesas e omnicanal que abrangem vários pontos de contacto e dispositivos. Ao unificar os silos de dados e sincronizar as mensagens entre canais, a IA garante uma experiência de marca consistente e coesa, melhorando a recordação da marca, a lealdade e as taxas de conversão ao longo de todo o percurso do cliente.

CAPÍTULO 5
Tendências e oportunidades futuras

Dhiraj Singh Rawat

Departamento de Informática

NIET, Greater Noida, Uttar Pradesh, Índia

Ashwani Kumar

Escola de Engenharia e Tecnologia

K. R. Mangalam University, Gurugram, Haryana, Índia

Introdução

A sinergia entre o marketing de afiliação e a inteligência artificial (IA) desbloqueou um reino de possibilidades inovadoras, remodelando o panorama do marketing digital. À medida que a tecnologia continua a evoluir a um ritmo acelerado, estão a surgir novas tendências na intersecção do marketing de afiliação e da IA, revolucionando a forma como as empresas se envolvem com os consumidores, optimizam os seus esforços de marketing e geram receitas. Nesta exploração, aprofundamos algumas das tendências mais convincentes que estão a moldar o futuro do marketing de afiliação alimentado por IA.

Análise preditiva e aprendizagem automática: A análise preditiva e os algoritmos de aprendizagem automática estão a redefinir a forma como as empresas analisam os dados e prevêem o comportamento dos consumidores no marketing de afiliação. Ao tirar partido de vastos conjuntos de dados e de algoritmos avançados, a análise preditiva alimentada por IA pode antecipar as preferências dos clientes, a intenção de compra e o valor do tempo de vida com uma precisão notável. Isto permite que os comerciantes afiliados optimizem as suas campanhas, visem os segmentos de público certos e adaptem as suas mensagens para obter o máximo impacto. Os algoritmos de aprendizagem automática aprendem continuamente com as interacções passadas e adaptam-se em tempo real, permitindo que os profissionais de marketing se mantenham à frente das tendências e capitalizem as oportunidades emergentes.

Hiperpersonalização e conteúdo dinâmico: A personalização orientada por IA está a levar a personalização a novos patamares no marketing de afiliados. Ao aproveitar os dados sobre as preferências do consumidor, o histórico de navegação e as informações demográficas, os algoritmos de IA podem fornecer conteúdo hiperpersonalizado e recomendações adaptadas a cada utilizador individual em tempo real. As ferramentas de geração de conteúdos dinâmicos alimentadas por IA permitem que os profissionais de marketing criem conteúdos altamente relevantes e cativantes que ressoam com o seu público-alvo em vários canais e dispositivos. Quer se trate de recomendações personalizadas de produtos, campanhas de correio eletrónico personalizadas ou conteúdo dinâmico do website, a hiper-personalização impulsionada pela IA melhora a experiência do cliente e aumenta as taxas de conversão no marketing de afiliação.

Otimização da pesquisa por voz: Com a proliferação de dispositivos com voz e assistentes virtuais como a Siri, Alexa e Google Assistant, a pesquisa por voz está a tornar-se cada vez mais predominante no comportamento de pesquisa dos consumidores. A otimização da pesquisa por voz com IA está, portanto, a emergir como uma tendência crucial no marketing de afiliados, à medida que as empresas procuram otimizar o seu conteúdo e campanhas para consultas baseadas em voz. Os algoritmos de processamento de linguagem natural (PNL) permitem que os sistemas de IA compreendam e interpretem as consultas faladas, fornecendo aos utilizadores respostas relevantes e precisas. Os comerciantes afiliados podem tirar partido das estratégias de otimização da pesquisa por voz para melhorar a sua visibilidade nos resultados da pesquisa por voz, captar tráfego orientado por voz e aumentar as suas receitas de afiliados.

Chatbots e marketing de conversação: Os chatbots alimentados por IA estão a revolucionar o envolvimento e o apoio ao cliente no marketing de afiliados. Estes assistentes virtuais inteligentes podem interagir com os utilizadores em tempo real, responder a perguntas, fornecer recomendações de produtos e ajudar nas compras, tudo sem intervenção humana. Ao integrar os chatbots nas suas estratégias de marketing de afiliação, as empresas podem proporcionar experiências de cliente perfeitas e personalizadas, impulsionar o envolvimento e aumentar as conversões. O marketing conversacional alimentado por IA permite que os profissionais de marketing se envolvam com os consumidores em conversas significativas, compreendam as suas necessidades e os guiem ao longo da jornada de compra, gerando receitas e fidelidade.

Conteúdo preditivo e marketing baseado em intenções: As recomendações de conteúdo preditivo com base em IA estão a remodelar a forma como as empresas fornecem conteúdo ao seu público no marketing de afiliados. Ao analisar o comportamento do utilizador, as preferências e os sinais de intenção, os algoritmos de IA podem prever o tipo de conteúdo que terá mais impacto em cada utilizador individual num determinado momento. Isto permite que os comerciantes afiliados forneçam conteúdos altamente relevantes e oportunos que satisfaçam as necessidades e os interesses do seu público, impulsionando o envolvimento e as conversões. O marketing baseado na intenção, alimentado por IA, permite aos profissionais de marketing antecipar a intenção do utilizador com base em sinais contextuais e fornecer conteúdo personalizado e ofertas que se alinham com os seus interesses e preferências.

Oportunidades de inovação e crescimento no marketing de afiliação e na IA

O marketing de afiliação, uma relação simbiótica entre comerciantes e afiliados, há muito que é um elemento básico das estratégias de marketing digital. Com o avanço exponencial da inteligência artificial (IA), surgiu uma nova fronteira que apresenta oportunidades sem precedentes de inovação e crescimento no ecossistema do marketing de afiliação.

Uma das oportunidades mais interessantes reside no domínio da tomada de decisões baseada em dados. As tecnologias de IA permitem que os afiliados e os comerciantes aproveitem grandes quantidades de dados para obter informações valiosas sobre o comportamento, as preferências e as tendências dos consumidores. Ao tirar partido das ferramentas de análise alimentadas por IA, as partes interessadas podem identificar nichos de elevado potencial, otimizar estratégias de marketing e aperfeiçoar os esforços de segmentação com uma precisão sem paralelo.

Além disso, a IA facilita a criação de conteúdos dinâmicos e personalizados, uma componente crucial de campanhas de marketing de afiliados bem sucedidas. Através do processamento de linguagem natural (PNL) e dos algoritmos de aprendizagem automática, os afiliados podem gerar conteúdos personalizados que se repercutem em segmentos de público específicos, impulsionando o envolvimento e as taxas de conversão. Da mesma forma, os comerciantes podem implementar recomendações de conteúdo baseadas em IA para melhorar a relevância e a eficácia dos seus materiais promocionais.

Outra via para a inovação reside na automatização de tarefas e processos de rotina. As ferramentas de automatização baseadas em IA simplificam vários aspectos do marketing dos afiliados, desde a gestão de campanhas e o acompanhamento do desempenho até ao apoio ao cliente e à comunicação. Ao reduzir a carga de trabalho manual e aumentar a eficiência operacional, os afiliados e os comerciantes podem concentrar os seus recursos em iniciativas estratégicas e esforços criativos, promovendo a inovação e o crescimento.

Além disso, a IA permite técnicas de modelação e otimização preditivas que permitem aos afiliados prever tendências futuras e antecipar as flutuações do mercado. Ao analisar dados históricos e sinais em tempo real, os algoritmos de IA podem identificar oportunidades emergentes e recomendar estratégias proactivas para as capitalizar eficazmente. Esta capacidade de previsão não só aumenta a geração de receitas, como também reduz os riscos associados à volatilidade e incerteza do mercado.

Além disso, a IA facilita estratégias avançadas de segmentação e direcionamento, permitindo aos afiliados proporcionar experiências hiper-personalizadas aos seus públicos. Através de algoritmos de aprendizagem automática, os afiliados podem analisar os padrões de comportamento e as preferências dos utilizadores para adaptar o conteúdo promocional e as recomendações em conformidade. Esta abordagem personalizada não só aumenta o envolvimento e as taxas de conversão, como também promove a fidelidade e a retenção do cliente a longo prazo.

Além disso, os sistemas de recomendação baseados em IA desempenham um papel fundamental na descoberta de produtos e nas decisões de compra no marketing de afiliados. Ao tirar partido da filtragem colaborativa e das técnicas de filtragem baseadas no conteúdo, os afiliados podem fornecer recomendações de produtos altamente relevantes ao seu público, melhorando a experiência global de compra e maximizando o potencial de receitas. Do mesmo modo, os comerciantes podem utilizar motores de recomendação baseados em IA para otimizar a colocação de produtos e as oportunidades de venda cruzada nas suas redes de afiliados.

Além disso, a IA permite estratégias dinâmicas de otimização de preços e ofertas que se adaptam às condições de mercado em mudança e às preferências dos consumidores em tempo real. Ao tirar partido da análise preditiva e dos algoritmos de aprendizagem automática, os afiliados podem otimizar as estratégias de preços para maximizar a rentabilidade, assegurando simultaneamente a competitividade no mercado. Do mesmo modo, os comerciantes podem utilizar ferramentas de inteligência de preços baseadas em IA para monitorizar a dinâmica de preços da concorrência e ajustar as suas estratégias de preços em conformidade.

Desafios e considerações éticas no marketing de afiliação e na IA

O marketing de afiliados, impulsionado pela inteligência artificial (IA), revolucionou sem dúvida o panorama do marketing digital. No entanto, juntamente com o seu potencial transformador, traz consigo uma série de desafios e considerações éticas que requerem uma atenção cuidada e medidas proactivas. Nesta discussão, vamos aprofundar alguns dos principais desafios e dilemas éticos inerentes à intersecção entre o marketing de afiliação e a IA.

Um dos principais desafios do marketing de afiliados consiste em manter a transparência e a confiança entre todas as partes envolvidas - anunciantes, editores e consumidores. Os algoritmos de IA optimizam frequentemente os ganhos a curto prazo, o que pode levar a tácticas questionáveis, como a fraude de cliques ou promoções enganosas. Isto não só prejudica a integridade do marketing de afiliados, como também corrói a confiança dos consumidores nas marcas e nos editores. Como tal, garantir a transparência nas campanhas de marketing de afiliados com IA torna-se fundamental para manter os padrões éticos e promover relações de longo prazo com os consumidores.

Além disso, a proliferação de tecnologias de IA introduz preocupações relativamente à privacidade e segurança dos dados. No marketing de afiliação, os algoritmos de IA dependem fortemente dos dados dos consumidores para fornecer anúncios direccionados e recomendações personalizadas. No entanto, a recolha e a utilização de dados pessoais suscitam preocupações significativas em termos de privacidade, especialmente à luz de regulamentos rigorosos como o Regulamento Geral de Proteção de Dados (RGPD). A adesão às leis de proteção de dados e a implementação de medidas de segurança robustas são essenciais para salvaguardar a privacidade do consumidor e mitigar o risco de violações de dados em iniciativas de marketing de afiliados orientadas para a IA.

Outro desafio associado à IA no marketing de afiliação é o potencial de preconceito e discriminação algorítmica. Os algoritmos de IA são treinados com base em dados históricos, que podem refletir preconceitos inerentes presentes na sociedade. Como resultado, estes algoritmos podem inadvertidamente perpetuar preconceitos na publicidade, tais como estereótipos de género ou perfis raciais. A abordagem dos preconceitos algorítmicos exige um esforço concertado para diversificar os conjuntos de dados, utilizar algoritmos conscientes da equidade e auditar regularmente os sistemas de IA para identificar e retificar os resultados tendenciosos. Ao promover a justiça e a inclusão no marketing de afiliados com IA, as marcas podem melhorar a sua reputação e cultivar um ambiente de marketing mais inclusivo.

Além disso, a natureza dinâmica dos algoritmos de IA coloca desafios em termos de responsabilização e controlo. Ao contrário das práticas de marketing tradicionais, em que a tomada de decisões por parte dos humanos é mais transparente e responsável, os algoritmos de IA funcionam de forma autónoma, o que dificulta a identificação das causas profundas dos erros algorítmicos ou das más práticas. O estabelecimento de mecanismos de responsabilização e a implementação de medidas de transparência algorítmica são essenciais para garantir que os sistemas de IA no marketing de afiliação cumprem as normas éticas e as directrizes regulamentares. Além disso, a promoção de uma cultura de utilização responsável da IA nas organizações, através de formação e educação, pode capacitar as partes interessadas para tomarem decisões informadas e mitigarem eficazmente os riscos potenciais.

As considerações éticas no marketing de afiliação vão para além da ética algorítmica, abrangendo impactos e responsabilidades sociais mais amplos. Por exemplo, a proliferação de conteúdos de marketing de afiliação nas plataformas digitais suscita preocupações quanto à sua potencial influência no comportamento e bem-estar dos consumidores. A publicidade excessiva ou as tácticas promocionais intrusivas podem contribuir para a sobrecarga de informação e a fadiga do consumidor, diminuindo, em última análise, a experiência do utilizador e gerando percepções negativas das práticas de marketing de afiliação. Encontrar um equilíbrio entre os objectivos da publicidade e a experiência do utilizador é essencial para cultivar um ecossistema de marketing de afiliação sustentável e ético que dê prioridade ao bem-estar e à satisfação do consumidor.

Além disso, a mercantilização das relações de marketing de afiliação coloca dilemas éticos no que respeita à transparência e à divulgação. Numa era dominada pelo marketing de influenciadores e pelos conteúdos patrocinados, a distinção entre apoios autênticos e promoções pagas torna-se cada vez mais difícil para os consumidores. Como tal, os organismos reguladores emitiram directrizes que exigem que os influenciadores e os criadores de conteúdos divulguem as suas afiliações e acordos de patrocínio de forma transparente. A adesão a estes requisitos de divulgação não só promove a transparência e a confiança, como também fomenta práticas éticas no marketing de afiliação que dão prioridade à honestidade e à autenticidade.

Estratégias para preparar o marketing de afiliados para o futuro com IA

No panorama digital atual, a sinergia entre o marketing de afiliação e a inteligência artificial (IA) apresenta uma oportunidade sem precedentes para as empresas optimizarem os seus esforços de marketing e se manterem à frente da curva. À medida que a IA continua a evoluir rapidamente, é imperativo que os comerciantes afiliados adoptem estratégias que não só aproveitem a IA de forma eficaz, mas também preparem os seus esforços de marketing para o futuro. Neste artigo, vamos aprofundar as principais estratégias para preparar o marketing de afiliados para o futuro com IA.

Aproveitamento de dados: Um dos aspectos mais poderosos da IA no marketing de afiliados é a sua capacidade de analisar grandes quantidades de dados com rapidez e precisão. Ao aproveitar as informações dos dados, os profissionais de marketing podem obter uma compreensão mais profunda do comportamento, preferências e tendências do consumidor. Isto, por sua vez, permite-lhes adaptar as suas campanhas de marketing de afiliação de forma mais eficaz, garantindo a máxima relevância e envolvimento. Utilizando ferramentas de análise baseadas em IA, os profissionais de marketing podem identificar padrões, prever resultados e tomar decisões baseadas em dados para otimizar as suas estratégias de afiliação para obter melhores resultados.

Personalização em escala: A personalização tem-se tornado cada vez mais importante no marketing, e a IA desempenha um papel fundamental na viabilização de experiências personalizadas em escala. Ao aproveitar os algoritmos de IA, os profissionais de marketing podem segmentar seu público com base em vários parâmetros, como dados demográficos, histórico de navegação e comportamento de compra, permitindo campanhas de afiliados hiper-direcionadas. As recomendações e conteúdos personalizados podem aumentar significativamente o envolvimento do utilizador e impulsionar as conversões. As ferramentas de personalização baseadas em IA podem adaptar dinamicamente o conteúdo e as mensagens em tempo real, garantindo que cada interação é relevante e atraente para o utilizador individual.

Otimização do desempenho da campanha: A IA oferece capacidades de otimização sofisticadas que podem afinar as campanhas de marketing de afiliados para obter o máximo desempenho. Através de algoritmos de aprendizagem automática, os profissionais de marketing podem otimizar automaticamente vários elementos da campanha, tais como criativos de anúncios, parâmetros de segmentação e estratégias de licitação. A otimização orientada por IA permite uma melhoria e adaptação contínuas com base em dados em tempo real, permitindo aos profissionais de marketing obter um melhor ROI e eficiência. Ao automatizar tarefas entediantes e ao tirar partido da análise preditiva, os profissionais de marketing podem concentrar o seu tempo e recursos na tomada de decisões estratégicas e na inovação criativa.

Modelação preditiva e previsão: Outra vantagem fundamental da IA é a sua capacidade de prever resultados futuros com base em dados históricos e modelação preditiva. Ao analisar o desempenho passado e as tendências do mercado, os algoritmos de IA podem gerar previsões exactas de vendas, conversões e receitas. Isto permite aos profissionais de marketing antecipar a procura, ajustar as suas estratégias em conformidade e capitalizar as oportunidades emergentes. A modelação preditiva também pode ajudar a mitigar os riscos, identificando potenciais desafios e abordando-os preventivamente. Ao manterem-se à frente da curva, os profissionais de marketing podem posicionar-se para o sucesso num mercado em constante mudança.

Adotar tecnologias emergentes: A IA está em constante evolução e os profissionais de marketing devem manter-se a par dos últimos avanços tecnológicos para se manterem competitivos. As tecnologias emergentes, como o processamento de linguagem natural (PNL), a visão por computador e o reconhecimento de voz, estão a remodelar o panorama digital e a oferecer novas oportunidades para o marketing de afiliação. Ao adotar estas tecnologias e experimentar aplicações inovadoras, os profissionais de marketing podem obter uma vantagem de pioneirismo e diferenciar-se da concorrência. Quer se trate de otimizar o conteúdo para a pesquisa por voz, de implementar chatbots para apoio ao cliente ou de utilizar criativos gerados por IA, manter-se à frente da curva tecnológica é essencial para preparar os esforços de marketing dos afiliados para o futuro.

Aprendizagem e adaptação contínuas: Por último, o marketing de afiliação à prova de futuro com IA requer uma cultura de aprendizagem e adaptação contínuas. Os profissionais de marketing devem estar dispostos a experimentar, iterar e aprender com os sucessos e fracassos. A IA não é uma solução única para todos, e as estratégias devem evoluir em resposta às mudanças na dinâmica do mercado e no comportamento do consumidor. Mantendo-se curiosos, com a mente aberta e adoptando uma mentalidade de crescimento, os profissionais de marketing podem manter-se à frente da curva e aproveitar a IA em todo o seu potencial no marketing de afiliação.

Em conclusão, o futuro do marketing de afiliação está intrinsecamente ligado ao avanço das tecnologias de IA. Ao aproveitar o poder da IA, os profissionais de marketing podem desbloquear novas oportunidades de personalização, otimização e inovação. No entanto, para preparar os esforços de marketing de afiliação para o futuro, os profissionais de marketing devem adotar estratégias que aproveitem a IA de forma eficaz, ao mesmo tempo que abraçam a aprendizagem e a adaptação contínuas. Ao manterem-se à frente da curva tecnológica e ao darem prioridade à tomada de decisões baseadas em dados, os profissionais de marketing podem posicionar-se para o sucesso a longo prazo num cenário digital em constante evolução.

BIBLIOGRAFIA

1. Suryanarayana, S. A., Sarne, D., & Kraus, S. (2019, outubro). Divulgação de informações e gestão de parceiros no marketing de afiliados. Nos Anais da Primeira Conferência Internacional sobre Inteligência Artificial Distribuída (pp. 1-8).

2. Micu, A., Micu, A. E., Geru, M., Căpăţînă, A., & Muntean, M. C. (2021). O impacto do uso de inteligência artificial no comércio eletrônico na Romênia. Amfiteatru Economic, 23(56), 137-154.

3. Micu, A., Capatina, A., & Micu, A. E. (2018). Explorando a aplicabilidade de técnicas de inteligência artificial no marketing de mídia social. Jornal de Tendências Emergentes em Marketing e Gestão, 1(1), 156-165.

4. Benabdelouahed, R., & Dakouan, C. (2020). A utilização da inteligência artificial nas redes sociais: oportunidades e perspectivas. Revista especializada de marketing, 8(1), 82-87.

5. Gkikas, D. C., & Theodoridis, P. K. (2019). Impacto da inteligência artificial (IA) na pesquisa de marketing digital. Em Marketing Estratégico Inovador e Turismo: 7º ICSIMAT, Riviera Ateniense, Grécia, 2018 (pp. 1251-1259). Springer International Publishing.

6. Arasu, B. S., Seelan, B. J. B., & Thamaraiselvan, N. (2020). Uma abordagem baseada em aprendizado de máquina para aprimorar o marketing de mídia social. Computadores e Engenharia Eléctrica, 86, 106723.

7. Geru, M., Micu, A. E., Capatina, A., & Micu, A. (2018). Usando inteligência artificial no conteúdo gerado pelo usuário da mídia social para estratégias de marketing disruptivas no comércio eletrônico. Economia e Informática Aplicada, 24(3), 5-11.

8. Theodoridis, P. K., & Gkikas, D. C. (2019). Como a inteligência artificial afeta o marketing digital. Em Marketing Estratégico Inovador e Turismo:

7º ICSIMAT, Riviera Ateniense, Grécia, 2018 (pp. 1319-1327). Springer International Publishing.

9. Dwivedi, Y. K., Ismagilova, E., Hughes, D. L., Carlson, J., Filieri, R., Jacobson, J., ... & Wang, Y. (2021). Definindo o futuro da pesquisa de marketing digital e de mídia social: Perspectivas e proposições de pesquisa. Revista internacional de gestão da informação, 59, 102168.

10.Murgai, A. (2018). Transformando o marketing digital com inteligência artificial. Revista internacional de tecnologia de ponta em engenharia, gestão e ciências aplicadas, 7(4), 259-262.

11.Kose, U., & Sert, S. (2016). Marketing de conteúdo inteligente com inteligência artificial. In Conferência Internacional de Cooperação Científica para o Futuro (n.º 837-43).

12.Salvagno, M., Taccone, F. S., & Gerli, A. G. (2023). A inteligência artificial pode ajudar na escrita científica? Critical care, 27(1), 75.